Manpreet Singh

Deteção de um dente em falta num conjunto de engrenagens utilizando um sinal acústico

Manpreet Singh

Deteção de um dente em falta num conjunto de engrenagens utilizando um sinal acústico

ScienciaScripts

Imprint

Cover image: www.ingimage.com

This book is a translation from the original published under ISBN 978-3-659-86230-4.

Publisher:
Sciencia Scripts
is a trademark of
Dodo Books Indian Ocean Ltd. and OmniScriptum S.R.L publishing group

120 High Road, East Finchley, London, N2 9ED, United Kingdom
Str. Armeneasca 28/1, office 1, Chisinau MD-2012, Republic of Moldova, Europe
Printed at: see last page
ISBN: 978-620-8-35495-4

ÍNDICE

RECONHECIMENTO

Estou muito grato ao meu orientador de dissertação, Dr. Rajesh Kumar, professor catedrático do Departamento de Engenharia Mecânica, SHSL-CIET, Longowal, pela sua inestimável orientação, apoio, crítica construtiva e encorajamento constante durante a realização deste projeto.

Agradeço também ao Dr. S.K. Mohapatra, HOD (Mech.), SHSL-CIET Longowal, por me ter permitido utilizar as instalações do departamento consoante as minhas necessidades. Estou igualmente grato aos outros membros do pessoal do departamento pela sua ajuda.

Agradeço também a todos os meus amigos Parveen, Vikas, Gautam, Girish, Upender, Mandeep, Harvinder, Nisha, Atul, Aman e a todos aqueles cujos nomes não foram mencionados devido a restrições de espaço, pelas suas conversas refrescantes que me mantiveram vivo mesmo durante os momentos difíceis deste trabalho.

Manpreet Singh

RESUMO

Desde a antiguidade que os sinais sonoros são utilizados para transmitir/comunicar os sentimentos do ser humano, da natureza e dos animais. Atualmente, os sinais sonoros/acústicos são utilizados com vantagem para monitorizar o estado das máquinas. Devido ao baixo custo e à simplicidade de utilização, o sistema baseado na acústica está a ser amplamente utilizado para monitorizar o estado da máquina. Os parâmetros operacionais da máquina rotativa, a identificação de falhas, a determinação da velocidade de corte e do avanço durante o corte por uma máquina-ferramenta, o reconhecimento da fala e a instrução dos manipuladores robóticos e em muitos outros domínios, o sinal acústico são úteis. Para analisar o sinal acústico, é necessária uma ferramenta adequada de processamento do sinal, que pode ainda ser útil para automatizar o processo de monitorização.

Neste projeto investigamos as aplicações da acústica no diagnóstico da falta de dentes em engrenagens. Será efectuada uma instalação experimental para adquirir o sinal acústico e o sinal será processado utilizando técnicas de processamento digital de sinal. Dependendo das caraterísticas do sinal acústico bruto obtido na experiência, são aplicados filtros convencionais baseados na transformada de Fourier e na transformada de Wavelet recentemente desenvolvida. A transformada de Fourier expande a função original (sinal) em termos de uma função de base orto-normal de ondas sinusoidais e cossenoidais de duração infinita, mas a transformada de wavelet também o pode fazer para uma duração finita. Uma das grandes vantagens da filtragem de wavelets é que a informação temporal não se perde. O problema abordado tem importância prática na operação, inspeção em linha, previsão de avarias e manutenção de componentes rotativos.

Capítulo 1

INTRODUÇÃO

A análise de vibrações é amplamente utilizada no diagnóstico de máquinas. Existem muitas técnicas analíticas, que foram totalmente desenvolvidas e estabelecidas ao longo dos anos para o processamento de sinais de vibração para obter informações de diagnóstico sobre avarias em engrenagens de processamento. O tempo-frequência é um dos métodos. O procedimento de deteção de avarias para os métodos de tempo-frequência baseia-se normalmente na observação visual dos gráficos de contorno. A propagação da falha pode ser monitorizada através da observação de alterações nas caraterísticas da distribuição nos gráficos de contorno [1].

Nas últimas décadas, a análise das vibrações através da monitorização acústica do estado das máquinas tem recebido muito pouca atenção. Tal deve-se provavelmente à perceção de que a monitorização do som aéreo de uma máquina é ruidosa e complexa num ambiente industrial normal. Durante os últimos anos, um progresso significativo na capacidade da instrumentação acústica, juntamente com as técnicas sofisticadas de processamento de sinais, tornou possível extrair informações úteis de diagnóstico a partir de sinais acústicos contaminados. A principal vantagem da utilização da monitorização acústica do estado da máquina é o facto de as medições acústicas poderem ser efectuadas a uma certa distância da máquina, evitando riscos de segurança e eliminando a necessidade de sensores de vibração de alta frequência com as considerações de montagem associadas. A revisão detalhada da literatura é apresentada na secção 2.15.

As falhas locais, a quebra de dentes em engrenagens de malha foram simuladas neste projeto. Neste projeto, o sinal acústico é gravado com a ajuda de um microfone e depois armazenado no computador. O sinal gravado é processado em ambiente Matlab. Para efeitos de análise, obtém-se o espetro de amplitude versus tempo, a transformação rápida de Fourier (FFT) e o escalograma depois de passar o sinal pelo filtro passa-baixo (até à frequência 500). Os mapas de energia, frequência e coeficiente são mostrados para a análise adequada e correlação de defeitos em termos de amplitude e frequência de operação. Os resultados sugerem que a análise de vibrações por sinais acústicos é muito eficaz para a deteção precoce de falhas e pode constituir uma ferramenta poderosa para indicar os vários tipos de falhas progressivas em caixas de velocidades e na manutenção preditiva.

1.1 Antecedentes

O diagnóstico precoce de avarias tem sido utilizado para evitar danos graves em sistemas mecânicos. Em geral, as condições de máquinas rotativas, como ventiladores eléctricos, compressores e motores, podem ser monitorizadas através da medição da emissão acústica ou do sinal de vibração. As ondas acústicas são perturbações que envolvem vibrações mecânicas em sólidos, líquidos ou gases. Estes sinais são normalmente constituídos por uma combinação de frequência básica com componentes de frequência discretos ou de banda estreita e os seus harmónicos, a maioria dos quais está relacionada com a rotação da máquina. A emissão acústica ou a energia de vibração é aumentada quando o elemento de transmissão está danificado. A técnica de avaria convencional é utilizada para observar a diferença de amplitude no domínio do tempo ou da frequência para o diagnóstico de danos. Existe um grande volume de literatura disponível sobre a análise dos sinais acústicos através da aplicação de diferentes técnicas [1-9].

A técnica convencional de transformada rápida de Fourier (FFT) é utilizada para observar a diferença de amplitude no domínio da frequência para o diagnóstico de danos [10]. A forma mais fácil de extrair o sinal pretendido de um sinal ruidoso é através da aplicação de filtros passa-baixo, passa-alto ou passa-banda. Mas se as caraterísticas da informação contida no sinal não forem previsíveis, os filtros acima referidos não podem ser aplicados, porque podem filtrar a informação útil que se pretende obter. Os investigadores têm trabalhado em diferentes métodos de processamento de sinais acústicos e em diferentes aplicações da acústica.

1.2 Trabalho experimental e objectivos

O estado dos dentes das engrenagens tem um grande impacto na transmissão de potência. Os defeitos nos dentes podem levar a uma diminuição da eficiência da transmissão, a solavancos e a ruído. Implementámos um método baseado na acústica para identificar dentes em falta num conjunto de engrenagens. É selecionada uma metodologia adequada para este trabalho experimental. As experiências são efectuadas no par de engrenagens de dentes rectos em condições de velocidade variável no equipamento de teste de engrenagens back-to-back. As engrenagens têm 14 e 21 dentes, respetivamente. A engrenagem com 14 dentes é fixada ao eixo do motor e uma outra engrenagem de 21 dentes é fixada aos quadros e, com a ajuda de uma chumaceira, é engrenada com a engrenagem com 14 dentes. Um motor é utilizado para acionar a engrenagem. Um microfone é utilizado para registar o sinal acústico gerado pelo conjunto de engrenagens. Num conjunto de leituras, a engrenagem do condutor tem os dentes completos; no outro conjunto de leituras, falta um dente na engrenagem. As experiências são efectuadas a duas velocidades diferentes, 285 RPM e 390 RPM, o que dá uma frequência fundamental de engrenamento dos dentes de aproximadamente 66,5 e 91Hz, respetivamente. O sinal acústico gerado pelas engrenagens de teste é registado durante 1 segundo, colocando o microfone perto da área de engrenamento da engrenagem. Depois de registar o sinal no computador, é aplicado um filtro FIR passa-baixo equiripple até à frequência de 500Hz. Em seguida, são mostrados mapas adequados em diferentes condições para o sinal bruto, FFT (Fast Fourier Transformation) e Scalogram no capítulo 3. Neste trabalho de tese, analisámos o efeito da falta de dentes no sistema de engrenagens no espetro do sinal acústico e desenvolvemos um método para identificar esses defeitos. O principal objetivo deste trabalho de projeto é a inspeção online em indústrias e a manutenção preditiva.

Capítulo 2

PROCESSAMENTO DE SINAIS E PESQUISA BIBLIOGRÁFICA

2.1 Sinal

A comunicação efectua-se sob a forma de sinais. Os sinais são a transmissão de energia (mecânica, eléctrica ou luminosa) através de meios adequados. Um sinal que é constante e alterado uma vez transmite uma única informação. Quanto mais mudanças no sinal, mais informações ele pode transmitir. A amplitude, a frequência e a fase são os atributos de um sinal que se altera com o tempo.

1. Amplitude (A), força do sinal ao longo do tempo, volts, corrente.
2. A frequência (f) é a taxa a que o sinal se repete. Ciclos por segundo, ou Hertz.

Um parâmetro equivalente é o período (T), que é a quantidade de tempo para uma repetição, ($T = 1/f$).

3. A fase (ϕ) é uma medida da posição relativa no tempo dentro de um único período de um sinal.

2.2 Tipos de sinais

Visto como uma função do tempo, um sinal pode ser analógico ou digital.

Um sinal analógico é aquele em que a intensidade do sinal varia de forma suave ao longo do tempo. Não existem quebras ou descontinuidades no sinal.

Um sinal digital é aquele em que a intensidade do sinal mantém um nível constante durante um determinado período de tempo e depois muda para outro nível constante (discreto).

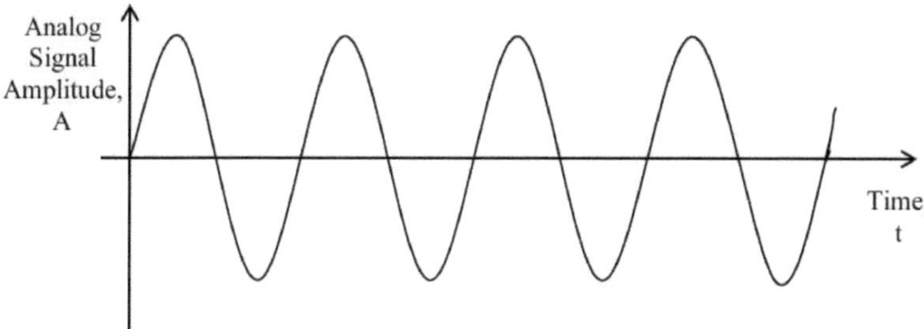

Figura 2.1 Gráfico de amplitude versus tempo para sinal analógico

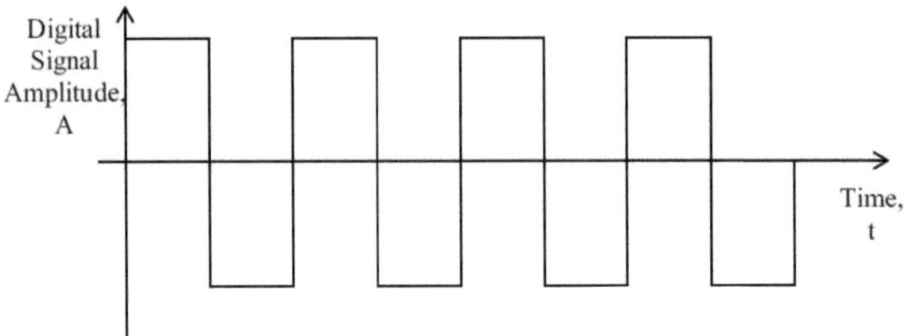

Figura 2.2 Gráfico de amplitude versus tempo para sinal digital

Os sinais podem existir sob diferentes formas e ser transmitidos através de diferentes meios. Por exemplo, sinais acústicos ou de voz (ondas de pressão), eléctricos, electromagnéticos e luminosos. Vejamos um pouco sobre o sinal de voz.

2.3 Sinal de voz

O sinal de voz é um sinal analógico com componentes de frequência na gama de 20Hz a 20kHz:

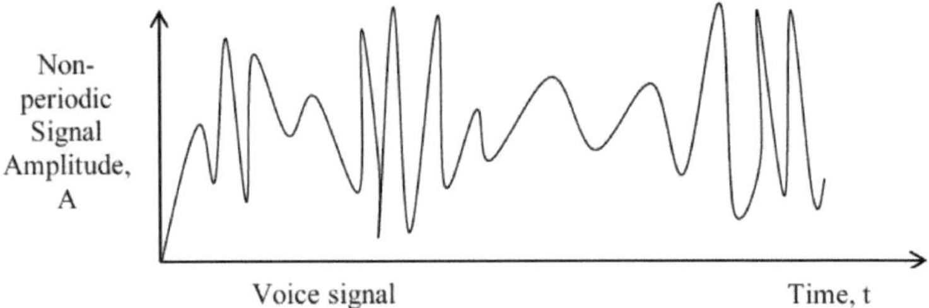

Figura 2.3 Gráfico Amplitude vs. Tempo para o sinal de voz

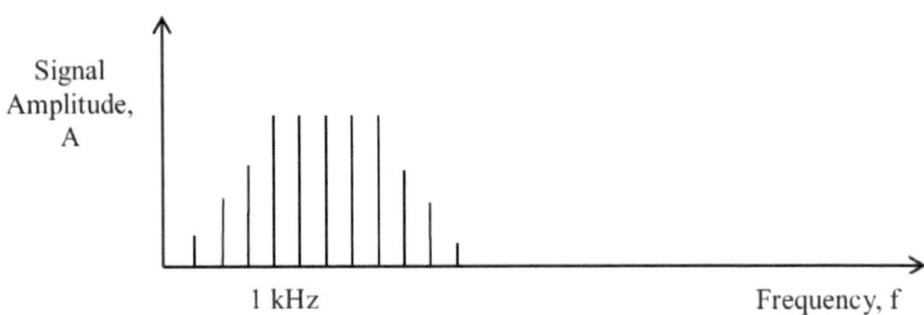

Figura 2.4 Gráfico Amplitude vs Frequência para sinal de voz

Alguns conceitos comuns amplamente utilizados para sinais são:

O espetro de um sinal é a gama de frequências que este contém [11, 12]. O espetro do sinal de voz inteligente estende-se de 300 Hz a 3300 Hz.

A largura de banda de um sinal é a largura do espetro. A largura de banda do sinal de voz inteligente é de 3000 Hz.

A obtenção do sinal nas formas desejadas é efectuada através das técnicas de processamento de sinais, que são indicadas a seguir.

2.4 Sinal vibracional

Cada corpo em movimento contém algumas vibrações e, no nosso projeto, estamos a lidar com a quebra de dentes nas engrenagens. Quando as engrenagens são rodadas em condições defeituosas, há uma alteração no sinal de vibração em comparação com o caso ideal. Esta alteração do sinal vibratório é apresentada sob a forma de espetro, o que é útil para a nossa análise, uma vez que, no nosso projeto, o sinal acústico e o sinal vibratório ocorrem em conjunto. Se a magnitude do sinal acústico for maior, isso significa que o sistema tem mais vibrações. Aqui estão algumas causas comuns de vibração.

2.5 Causas das vibrações:

a) **Desequilíbrio:** O desequilíbrio estático e dinâmico são as causas mais comuns de vibração numa máquina. O desequilíbrio ocorre quando o centro de gravidade de uma peça rotativa não está localizado exatamente no centro de rotação.

b) **Ressonância:** A ressonância ocorre quando a velocidade da máquina é igual à sua frequência natural de vibração. Estas frequências para veios e outras peças rotativas são designadas por velocidades críticas.

c) **Desalinhamento:** Os tipos mais comuns de problemas de desalinhamento são atribuíveis a um alinhamento inicial incorreto ou a mudanças na posição de peças fixas da máquina. Este tipo de problema provoca vibrações e o desenvolvimento de tensões que tendem a danificar o acoplamento e o rolamento.

d) **Assimetria mecânica e eléctrica:** As tensões que podem levar a danos podem desenvolver-se na superfície de engrenagem dos dentes da engrenagem por várias razões. As vibrações ocorrem geralmente no plano definido pelos dois veios envolvidos, o que pode ser determinado através de medições direcionais.

e) **Rolamento de esferas desgastado:** As vibrações provocadas por um rolamento de esferas gasto caracterizam-se por uma deslocação quase incomensurável, uma velocidade relativamente elevada e uma frequência relativamente elevada. O nível de vibração no rolamento problemático difere frequentemente do nível de vibração noutros rolamentos da máquina.

f) **Deslizamento:** Os fenómenos de deslizamento em máquinas com dois ou mais veios criam situações em que a velocidade do veio não é idêntica. Esta situação provoca um ruído rítmico recorrente.

g) **Turbilhão de óleo e chicote de óleo:** O turbilhão de óleo e o chicote de óleo ocorrem nos rolamentos e geralmente implicam vibrações com a mesma frequência que a velocidade crítica do rotor. Ambos são causados por fenómenos de ressonância na película de óleo da chumaceira.

2.6 Instrumentos utilizados para medir as vibrações

A vibração é medida pelo deslocamento, velocidade e aceleração. O deslocamento, ou seja, a excursão a partir da posição zero, é expresso no valor de pico em mm [10, 13]. A velocidade de vibração é expressa como um valor quadrático médio (RMS) em mm/s de pico e é normalmente utilizada em ligação com a monitorização de máquinas. A aceleração é expressa em m/s^2 e compreende uma medida da tensão mecânica. A aceleração é útil quando se encontram frequências de vibração muito elevadas.

Os transdutores são os dispositivos mais comuns para medir a vibração, como se indica a seguir.

2.7 Transdutores

Os transdutores utilizados para medir a vibração consistem principalmente num bloco transdutor. O bloco transdutor conhece os pormenores dos dispositivos de E/S e sabe como ler o sensor ou alterar o atuador e os interruptores. O bloco transdutor fornece o valor do sensor aos blocos de funções e/ou efectua a alteração na saída conforme ditado pelo bloco de funções.

Os blocos transdutores são definidos para desacoplar os blocos de função das funções locais de entrada/saída necessárias para ler o hardware do sensor e o hardware do efetor de comando. Isto permite que o bloco transdutor seja executado com a frequência necessária para obter bons dados dos sensores sem sobrecarregar os blocos de função que utilizam os dados. Também isola o bloco de funções das caraterísticas específicas do fabricante de um dispositivo de E/S.

A especificação do barramento de campo da fundação define três classes básicas de blocos de transdutores:

1. Bloco Transdutor de Entrada - interface para medições físicas ou entradas, processa essas medições e disponibiliza os seus resultados aos blocos de funções de entrada através da referência de canal.

2. Bloco Transdutor de Saída - faz a interface com os blocos de função de saída através da referência de canal e processa a sua saída de destino para regular os actuadores físicos ou as saídas físicas.

3. Bloco transdutor de visualização - faz a interface com os dispositivos de interface local e permite que a interface local aceda aos parâmetros do bloco de funções.

Geralmente, haverá um bloco transdutor por canal de dispositivo. Os multiplexes permitem que vários canais sejam associados a um bloco transdutor. Existem muitos transdutores disponíveis no mercado.

2.7.1 Acelerómetros:

Os acelerómetros são também um tipo de transdutor em que são utilizados dois transdutores: o transdutor primário, normalmente uma massa vibratória de um grau de liberdade que converte a aceleração num deslocamento, e um transdutor secundário que converte o deslocamento da massa sísmica num sinal elétrico.

A maioria dos acelerómetros utiliza um elemento piezoelétrico como transdutor secundário. Os dispositivos piezoeléctricos, quando sujeitos a uma tensão, produzem uma tensão proporcional à tensão. Note-se que os elementos piezoeléctricos não podem fornecer um sinal em condições estáticas (por exemplo, aceleração constante). Estão disponíveis no mercado diferentes tipos de acelerómetros.

Um acelerómetro piezotransistorizado contém um estilete ligado a uma massa sísmica. A extremidade afiada do estilete está em contacto com a área sensível à tensão da junção p-n de um transístor. A força desenvolvida devido à aceleração é transmitida à caneta, cuja extremidade afiada desenvolve uma tensão concentrada no semicondutor. As caraterísticas eléctricas do transístor são alteradas, provocando uma alteração da corrente no circuito elétrico.

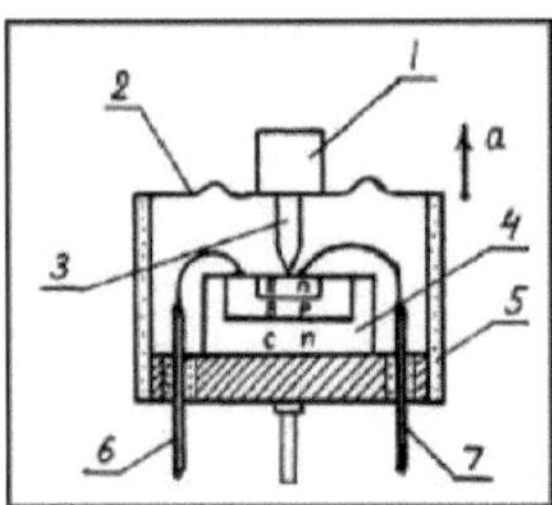

Figura 2.5 Acelerómetro piezotransistorizado. a = aceleração, B = base, C = coletor, *E* = emissor, n = silício n, *p* = silício p, 1 = massa sísmica, 2 = elemento de mola, 3 = estilete, 4 = transístor plano n-p-n, 5 = caixa, 6 e 7 = cabos.

2.7.2 Captação de vibrações:

Vamos agora discutir os captadores actuais para a medição de vibrações, tal como se podem obter no mercado. São utilizados três tipos muito comuns, que são apresentados de seguida

1. O captador eletromecânico de vibrações relativas para instrumentos de vibração rectilínea tem uma caixa de aço e um pino seguidor de aço. Este pino é centrado por meio de molas de diafragma especiais (com baixa constante de mola) de ambos os lados, superior e inferior. O movimento da bobina com o pino produz a tensão através da bobina, que é proporcional à sua velocidade. E a tensão de saída é retirada para efeitos de medição.

2. O captador eletromecânico de vibrações relativas é um captador em que o sistema móvel é muito leve e, tal como o instrumento anterior, está suspenso por duas molas. Estas molas mantêm a cavilha seguidora pressionada contra o corpo vibrador, de modo a que o captador seja capaz de seguir as acelerações. Este instrumento é capaz de medir deslocamentos relativos estáticos e dinâmicos. O instrumento é utilizado em conjunto com um aparelho associado, que contém uma unidade de alimentação para uma tensão alternada para a bobina primária, bem como o circuito de ponte necessário para o transformador diferencial.

3. A bobina eletromecânica de captação de vibrações relativas é enrolada num íman permanente. Quando um objeto de ferro ou de outro material ferromagnético é deslocado em relação ao íman, o fluxo magnético contido na bobina varia e a lei da indução rege a tensão assim induzida na bobina. A tensão induzida é exatamente proporcional à velocidade.

Os instrumentos que estudámos até agora são todos do tipo contacto, são muito bons para fins de análise, mas têm algumas desvantagens, como o facto de serem do tipo contacto (que pode alterar o comportamento da máquina) e, em segundo lugar, os sensores utilizados por estes instrumentos são sensíveis à temperatura.

2.8 Processamento de sinais

Ao longo das últimas décadas, o domínio do processamento de sinais tem vindo a ganhar importância, tanto a nível teórico como tecnológico. A principal razão para o seu sucesso na indústria deve-se ao desenvolvimento e utilização de software e hardware de baixo custo. Novas tecnologias e aplicações em vários domínios estão agora preparadas para tirar partido dos algoritmos de processamento de sinal. Vamos compreender o conceito de processamento de sinais com um pequeno exemplo: como sabemos, os sinais são portadores de informação, tanto útil como indesejada. Por conseguinte, extrair ou melhorar a informação útil de uma mistura de informações contraditórias é a forma mais simples de processamento de sinais. Em termos mais gerais, o processamento de sinais é uma operação que permite extrair, melhorar, armazenar e transmitir informações úteis. Em geral, existem dois tipos de processadores de sinais [8], que são apresentados de seguida.

Processador de sinal analógico (ASP): são os processadores utilizados para processar os sinais analógicos. Os sinais analógicos são os sinais que variam continuamente no tempo e na amplitude. Por exemplo, os receptores de rádio e televisão.

Processador de sinal digital (DSP): são os processadores utilizados para processar os sinais digitais. O sinal digital, que se apresenta sob a forma de bits, pode ser representado por números binários.

Das duas abordagens acima referidas ao processamento de sinais, analógica e digital, conclui-se que a abordagem DSP é mais complicada, contendo mais componentes do que a ASP de aspeto simples. Por conseguinte, pode colocar-se uma questão: Porquê processar o sinal digitalmente? A resposta reside nas muitas vantagens oferecidas pelo DSP. Estas são apresentadas de seguida.

1) A principal desvantagem do ASP é o seu âmbito limitado para realizar aplicações complicadas de processamento de sinais. Isto traduz-se em falta de flexibilidade no processamento e complexidade na conceção dos sistemas.

2) Os sistemas que utilizam a abordagem DSP podem ser desenvolvidos utilizando software executado num computador de uso geral. Por conseguinte, o DSP é relativamente conveniente para desenvolver e testar, e o

software é portátil.

3) As operações DSP baseiam-se apenas em adições e multiplicações, o que conduz a uma capacidade de processamento extremamente estável, por exemplo, estabilidade independente da temperatura.

4) As operações DSP podem ser facilmente modificadas em tempo real, muitas vezes por simples alterações de programação ou por recarregamento de registos.

5) O DSP tem um custo mais baixo em comparação com o ASP.

Principalmente devido às vantagens acima referidas, o DSP está a tornar-se a primeira escolha em muitas aplicações.

2.9 Análise de sinais:

Esta tarefa diz respeito à medição das propriedades do sinal. Trata-se geralmente de uma operação no domínio da frequência. Algumas das suas aplicações são

i. Análise do espetro (análise de frequência e/ou fase)

ii. Reconhecimento de voz

iii. Verificação do orador

iv. Deteção de alvos

2.10 Filtragem do sinal:

Esta tarefa é caracterizada pela situação "sinal-entrada-sinal-saída". Os sistemas que realizam esta tarefa são geralmente designados por filtros. Trata-se normalmente (mas nem sempre) de uma operação no domínio do tempo. Algumas das aplicações são:

i. Remoção de ruídos indesejáveis

ii. Remoção de interferências

iii. Separação de bandas de frequência

iv. Modelação do espetro do sinal.

Para processar sinais, temos de conceber e implementar sistemas chamados filtros (ou analisadores de espetro em alguns contextos). A questão da conceção dos filtros é influenciada por factores como o tipo de filtro ou a forma da sua implementação. Os filtros podem ser classificados de duas maneiras.

2.11 Filtros FIR e Filtros IIR

Outra forma de classificar os filtros é através da resposta ao impulso. Uma resposta ao impulso é a resposta de um filtro a uma entrada que é um impulso (x [0] = 1 e x [i] = 0 para todo i diferente de 0). A transformada de Fourier da resposta ao impulso filtrado é conhecida como a resposta em frequência do filtro. A resposta em frequência de um filtro indica qual será a saída do filtro em diferentes frequências. Por outras palavras, indica o ganho do filtro em diferentes frequências. Para um filtro ideal, o ganho deve ser 1 na banda de passagem e 0 na banda de paragem. Assim, todas as frequências na banda passante são passadas como estão para a saída, mas não há saída para as frequências na banda de paragem.

Se a resposta ao impulso do filtro cair para zero após um período de tempo finito, é conhecido como um filtro de resposta ao impulso finito (FIR). No entanto, se a resposta ao impulso existir indefinidamente, é conhecido como um filtro de resposta ao impulso infinito (IIR). O facto de a resposta ao impulso ser finita (ou seja, se o filtro é FIR ou IIR) depende da forma como a saída é calculada. A diferença básica entre os filtros FIR e IIR é que, para os filtros FIR, a saída depende apenas dos valores de entrada actuais e passados, enquanto para os filtros IIR, a saída depende não apenas dos valores de entrada actuais e passados, mas também dos valores de saída passados.

A vantagem dos filtros digitais IIR em relação aos filtros FIR é que os filtros IIR geralmente requerem menos coeficientes para realizar operações de filtragem semelhantes. Assim, os filtros IIR são executados muito mais rapidamente e não requerem memória extra, pois são executados no local. A desvantagem dos filtros IIR é que a resposta de fase não é linear. Se a aplicação não exigir informações de fase, como a análise do espetro de amplitude, os filtros IIR podem ser adequados. Deve utilizar filtros FIR para as aplicações que requerem respostas de fase lineares.

2.11.1 Filtros FIR:

Os filtros de resposta ao impulso finito (FIR) são filtros digitais que têm uma resposta ao impulso finita. Os filtros FIR são também conhecidos como filtros não recursivos, filtros de convolução ou filtros de média móvel (MA), porque a saída de um filtro FIR pode ser expressa como uma convolução finita. Matematicamente, eles podem ser apresentados por

$$h(n) = \begin{cases} 0, n \leq \tau_1 & -\infty < \tau_1 < \tau_2 < +\infty \\ 0, n \geq \tau_2 \end{cases}$$

Onde h *(n)* representa a resposta impulsiva do filtro digital, *n* é o índice de tempo discreto, e t1 e t2 são constantes.

Uma equação de diferença é o equivalente em tempo discreto de uma equação diferencial em tempo contínuo. A equação de diferença geral para um filtro digital FIR é:

$$y(n) = \Sigma b_k \, x(n-k).$$

Onde y (n) é a saída do filtro no instante de tempo discreto n, bk é a k-ésima derivação de alimentação, ou coeficiente de filtro, e x (nk) é a entrada do filtro atrasada em k amostras. O S denota a soma de k = 0 a k = M -1, em que M é o número de derivações de alimentação no filtro FIR

Filtro. Note-se que a saída do filtro FIR depende apenas das M entradas anteriores. Esta caraterística explica o facto de a resposta ao impulso de um filtro FIR ser finita.

As vantagens dos filtros FIR são as seguintes:

- Podem atingir uma fase linear devido à simetria do coeficiente do filtro na realização.
- São sempre estáveis.
- A função de filtragem é efectuada através da convolução e, como tal, permite geralmente associar à sequência de saída um atraso de (n-1)/2, em que n é o número de coeficientes do filtro e é designado por taps do filtro.

O método mais simples para projetar filtros FIR de fase linear é o método de projeto de janela. Para conceber um filtro FIR por janelamento, começa-se com uma resposta em frequência ideal, calcula-se a sua resposta ao impulso e, em seguida, trunca-se a resposta ao impulso para produzir um número finito de coeficientes. Apresentamos agora alguns tipos diferentes de filtros FIR com base na resposta em frequência, ou seja, o gráfico entre a magnitude e a frequência será apresentado para cada um deles.

Equiripple: Aqui mostra-se a resposta em frequência do filtro do tipo equiripple com filtro passa-baixo com frequências de banda passante e banda de paragem de 1000 e 1500, respetivamente.

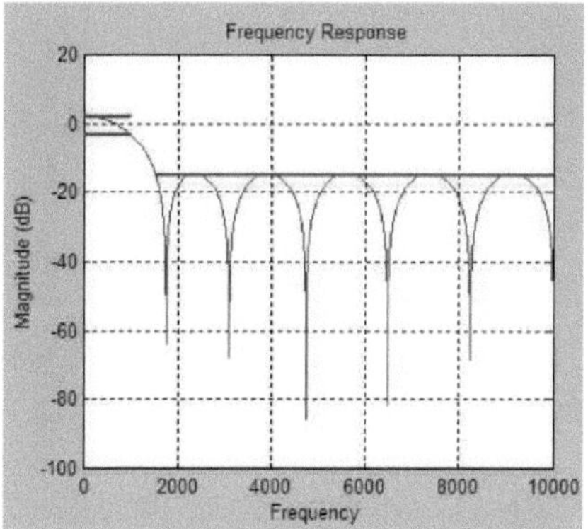

Figura 2.6 Resposta em frequência do filtro do tipo equiripple

Mínimos quadrados: Aqui mostra-se a resposta em frequência do filtro de mínimos quadrados com filtro passa-baixo com frequências de banda passante e banda de paragem de 1000 e 1500, respetivamente.

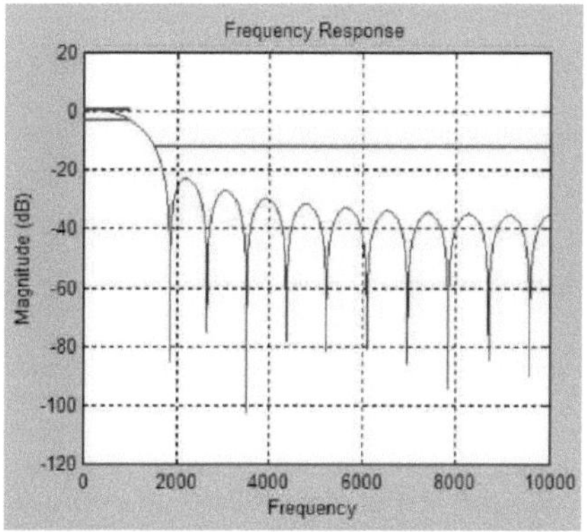

Figura 2.7 Resposta em frequência do filtro de mínimos quadrados

Janela de Kaiser: Aqui mostra-se a resposta em frequência do filtro tipo janela de Kaiser com filtro passa-baixo com frequências de banda passante e banda de paragem de 1000 e 1500, respetivamente

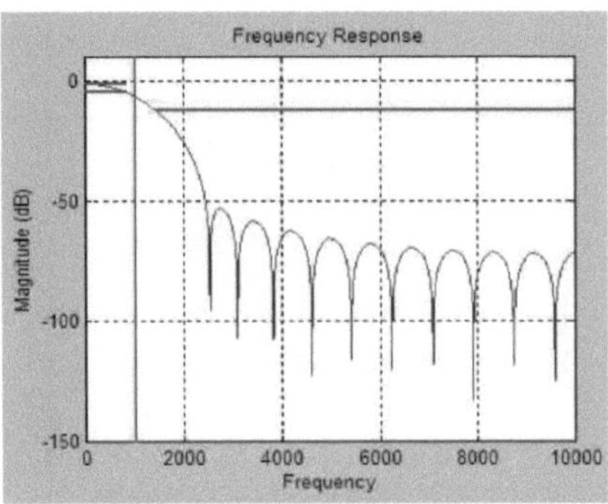

Figura 2.8 Resposta em frequência do filtro tipo janela de Kaiser

2.11.2 Filtros IIR:

Outro tipo de filtro digital é o filtro de resposta impulsiva infinita (IIR). Como já deve ter adivinhado, a resposta ao impulso de um filtro IIR tem uma duração infinita. Matematicamente falando, isso significa que t1 ou t2 em (1) é igual a 8. A equação de diferença geral para um filtro digital IIR é

$$y(n) = -\Sigma a_k y(n-k) + \Sigma b_k x(n-k)$$

Onde ak é a k-ésima tomada de realimentação. O S da esquerda representa o somatório de k = 1 a k = N -1, em que N é o número de torneiras de realimentação no filtro IIR. O S da direita representa o somatório de k = 0 a k = M -1, em que M é o número de torneiras de realimentação.

As vantagens dos filtros IIR são as seguintes:

Os filtros IIR são úteis para projetos de alta velocidade porque normalmente exigem um número menor de multiplicações em comparação com os filtros FIR. Os filtros IIR também podem ser projetados para ter uma resposta em freqüência que é uma versão discreta da resposta em freqüência de um filtro analógico.

Agora mostramos alguns tipos diferentes de filtros IIR com base na resposta em frequência, ou seja, o gráfico entre magnitude e frequência será mostrado para cada um.

Filtro tipo Butter worth: Aqui mostra-se a resposta em frequência do filtro do tipo "butter worth" com um filtro passa-baixo com uma frequência de banda passante de 1000.

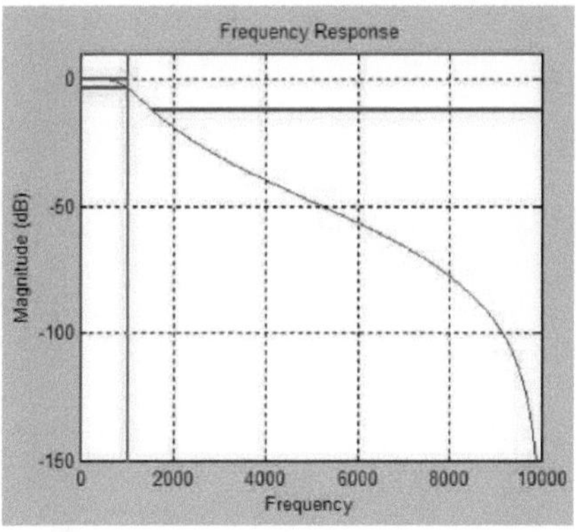

Figura 2.9 Resposta em frequência do filtro do tipo "butter worth

Chebyshev tipo 1: Aqui mostra-se a resposta em frequência do filtro Chebyshev tipo 1 com um filtro passa-baixo com uma frequência de banda passante de 1000.

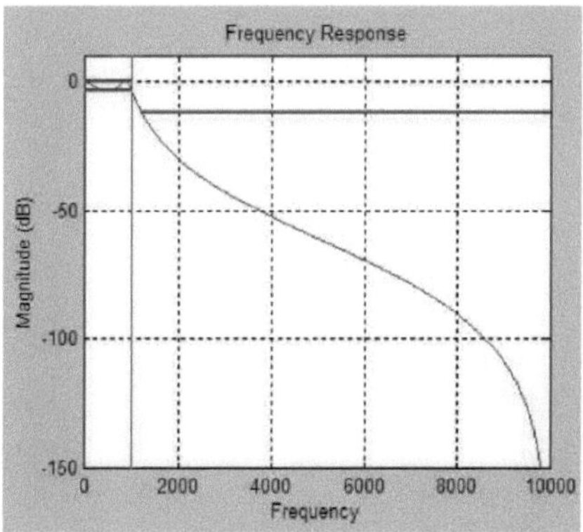

Figura 2.10 Resposta em frequência do filtro chebyshev tipo 1

Chebyshev tipo 2: Aqui mostra-se a resposta em frequência dos filtros Chebyshev tipo 2 com filtro passa-baixo com uma frequência de banda passante de 1000.

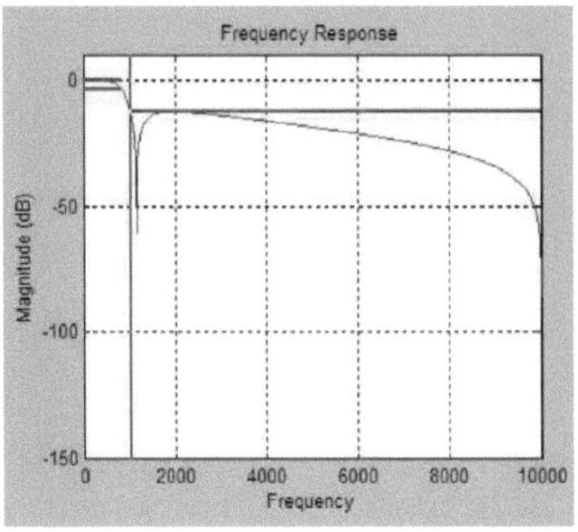

Figura 2.11 Resposta em frequência do filtro de Chebyshev tipo 2

Elíptico: Aqui mostra-se a resposta em frequência do filtro do tipo elíptico com um filtro passa-baixo com uma frequência de banda passante de 1000.

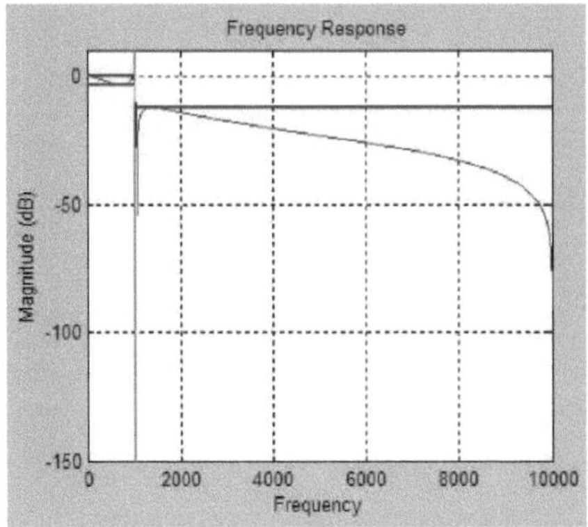

Figura 2.12 Resposta em frequência do filtro de tipo elíptico

2.12 Filtros passa-baixo, filtros passa-alto, filtros passa-banda e filtros de paragem de banda:

Um filtro que passa apenas frequências baixas é designado por filtro passa-baixo. Como mostra a área escura.

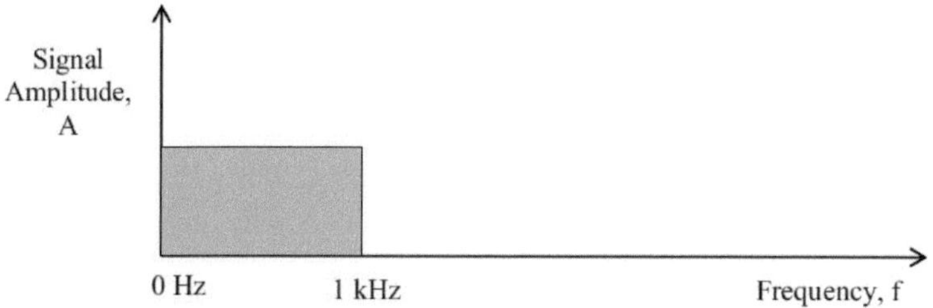

Figura 2.13 Resposta em frequência do filtro passa-baixo

Um filtro que passa apenas frequências altas é designado por filtro passa-alto.

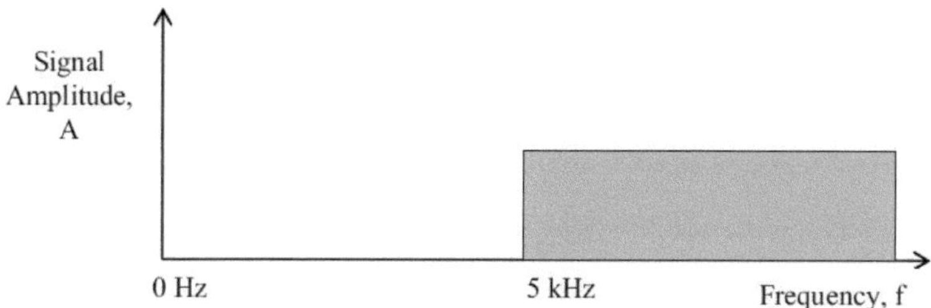

Figura 2.14 Resposta em frequência do filtro passa-altas

Um filtro que passa apenas frequências no meio de uma gama é designado por filtro passa-banda

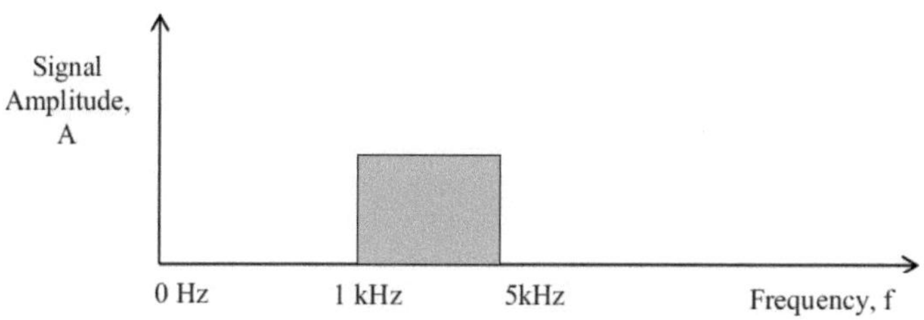

Figura 2.15 Resposta em frequência do filtro passa-banda

O inverso de um filtro passa-banda que passa frequências baixas e altas e pára no meio é chamado um filtro de paragem de banda.

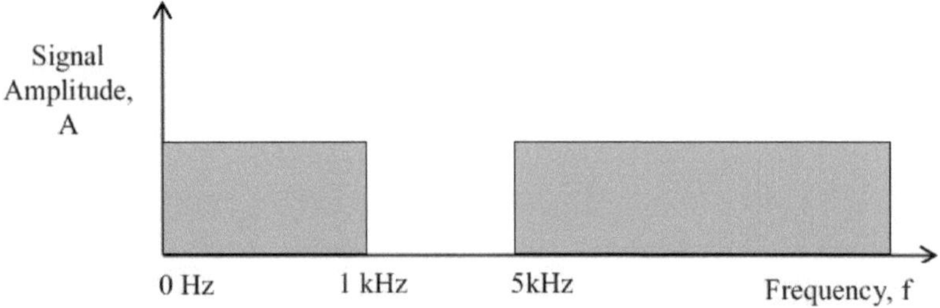

Figura 2.16 Resposta em frequência do filtro de paragem de banda

2.13 Transformação rápida de Fourier (FFT):

A Transformada Rápida de Fourier (FFT) é uma ferramenta poderosa para analisar e medir sinais. Por exemplo, pode adquirir eficazmente sinais no domínio do tempo, medir o conteúdo de frequência e converter os resultados em unidades e ecrãs do mundo real, tal como é mostrado no espetro tradicional. Ao utilizar a FFT, pode construir um sistema de medição de baixo custo e evitar a sobrecarga de comunicação de trabalhar com um instrumento autónomo. Além disso, tem a flexibilidade de configurar o seu processamento de medição de acordo com as suas necessidades.

A Transformada de Fourier, na sua essência, decompõe ou separa uma forma de onda ou função em sinusóides de diferentes frequências que somam a forma de onda original. Identifica ou distingue as diferentes sinusóides de frequência e as suas respectivas amplitudes. A transformada de Fourier de f *(x)* é definida como

$$F(s) = \int f(x) \exp(-i\, 2\pi xs)\, do.$$

Aplicando a mesma transformada a *F(s)* obtém-se

$$f(w) = \int f(s) \exp(-i\, 2\pi ws)\, ds.$$

Se $f(x)$ é uma função par de x, ou seja, $f(x) = f(-x)$, então $f(w) = f(x)$. *Se* $f(x)$ é uma função ímpar de x, ou seja, $f(x) = -f(-x)$, então $f(w) = f(-x)$. Quando $f(x)$ não é par nem ímpar, pode frequentemente ser dividida em partes pares ou ímpares.

É muitas vezes útil pensar nas funções e nas suas transformadas como ocupando dois domínios. Estes domínios são designados por domínios superior e inferior em textos mais antigos. São também designados por domínios da função e da transformada, mas na maioria das aplicações físicas são designados por domínios do tempo e da frequência, respetivamente. As operações efectuadas num domínio têm operações correspondentes no outro.

2.14 Transformada de Wavelet Contínua:

As Wavelets estabeleceram-se como a ferramenta mais difundida na área do processamento de sinais devido à sua flexibilidade e implementação computacional eficiente. A transformada de Wavelets é mais conhecida pela sua capacidade de analisar os comportamentos locais das funções. No reconhecimento de padrões de um sinal, é a irregularidade e não a suavidade do sinal que fornece a natureza mais interessante e discriminatória. A transformada de Fourier é uma transformação global, que considera uma energia infinita no sinal e não pode ser usada para analisar sinais de curta duração (ou energia finita). As transformadas de Fourier de curta duração utilizam janelas móveis fixas, pelo que não podem atingir resoluções desejáveis tanto no tempo como na frequência simultaneamente. A transformada de Wavelet ultrapassa o problema utilizando funções de base que representam pequenas ondas com suporte compacto, designadas por wavelets. Em particular, todas as funções de base são obtidas a partir da sua wavelet mãe ou kernel φ(x) por escalonamento, ou seja, $\varphi_s = \left(\frac{1}{s}\right)\varphi(\frac{x}{s})$, onde s ∈ R é chamado o fator de escala que adapta a largura do núcleo da wavelet à resolução microscópica requerida, alterando assim o seu conteúdo em frequência. Para qualquer sinal f(x) ∈ L^2 (R), a transformada wavelet do sinal é efectuada através da convolução do sinal com o kernel escalado e transposto:

$$Wf(s,x) = f(x)^{*}\varphi_s(x) = \int_{-\infty}^{+\infty} f(u)\varphi_s(x-u)du$$

A partir da equação acima, note-se que a transformada wavelet Wf(s,x) é uma função da escala 's' e da posição espacial 'x'. Para sinais unidimensionais, 'x' representa o tempo. O plano definido por (s, x) é designado por plano do espaço-escala. À medida que 's' diminui, estamos a olhar para detalhes cada vez mais finos (com conteúdos de frequência mais elevados) do sinal numa determinada localização 'x'. Uma forma normal de representar a transformada de wavelet contínua é utilizar um gráfico bidimensional ou tridimensional chamado escalograma, que representa o módulo da transformada de wavelet |Wf(s, x)| em função da localização 'x' numa gama de escalas 's'. A escala de cinzentos (também pode ser representada em cores) representa a magnitude de |Wf(s, x)|.

Utilizámos a wavelet de Daubechies como wavelet-mãe, que é uma wavelet ortogonal com suporte compacto. A wavelet de Daubechies permite filtrar partes específicas do espetro e pode potencialmente deixar mais pormenores na série temporal, em comparação com os filtros convencionais. A Fig. mostra as wavelets de Daubechies.

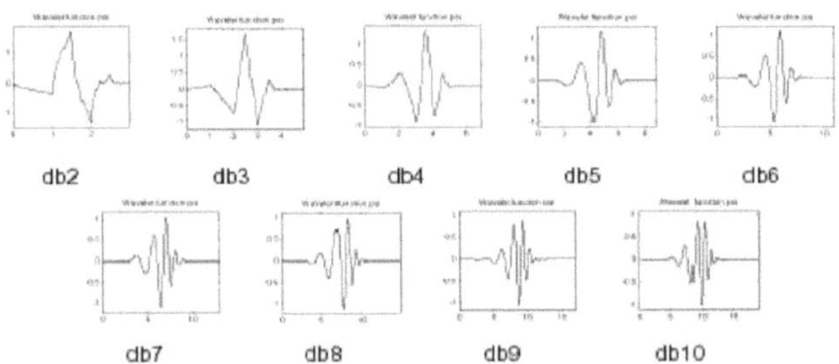

Fig. 2.17 Ondaletas de Daubechies

Estas wavelets não têm uma expressão explícita, exceto a *db* 1, que é a Wavelet de Haar. No entanto, o módulo quadrado da função de transferência de *h* é explícito e bastante simples.

- Seja, onde $P(y) = \sum_{k=0}^{N-1} C_k^{N-1+k} y^k$, onde C_k^{N-1+k}, coeficientes.

Então:

$$|m_0(\omega)|^2 = \left(\cos^2\left(\frac{\omega}{2}\right)\right)^N P\left(\sin^2\left(\frac{\omega}{2}\right)\right)$$

$$\text{where } m_0(\omega) = \frac{1}{\sqrt{2}}\sum_{k=0}^{2N-1} h_k e^{-ik\omega}$$

-O comprimento do suporte de ψ e ψs é *2N* - 1. O número de momentos de fuga de ψ é *N*.

-A maioria das *dbN* não são simétricas. Nalguns casos, a assimetria é muito acentuada.

-A regularidade aumenta com a ordem. Quando *N* se torna muito grande, ψ e ψ s pertencem a $W C^{\mu N}$ m é aproximadamente igual a 0.2. Certamente, este valor assintótico é demasiado pessimista para ordem pequena *N*. Note-se que as funções são mais regulares em certos pontos do que noutros.

-A análise é ortogonal. Para diferenciar os diferentes tipos de membros da família das daubechies, devemos conhecer a função de escala das wavelets, que é mostrada acima. Escalar uma wavelet significa simplesmente esticá-la (ou comprimi-la). Para ir além de descrições coloquiais como "esticar", introduzimos o fator de escala, muitas vezes denotado pela letra Se estivermos a falar de sinusóides, por exemplo, o efeito do fator de escala é muito fácil de ver:

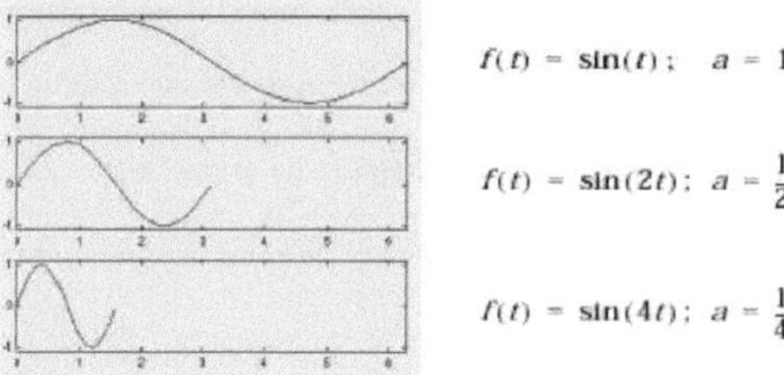

Figura 2.18 Escalonamento da wavelet (compressão)

2.15 Pesquisa bibliográfica:

As ondas acústicas são perturbações que envolvem vibrações mecânicas em sólidos, líquidos ou gases. Estes sinais são normalmente constituídos por uma combinação de frequência básica com componentes de frequência discreta ou de banda estreita e os seus harmónicos, a maioria dos quais está relacionada com a rotação da máquina. A emissão acústica ou a energia de vibração é aumentada quando o elemento de transmissão está danificado. A técnica de avaria convencional é utilizada para observar a diferença de amplitude no domínio do tempo ou da frequência para o diagnóstico de danos. Existe um grande volume de literatura disponível sobre a análise dos sinais acústicos através da aplicação de diferentes técnicas [14 - 21].

A técnica convencional de transformada rápida de Fourier (FFT) é utilizada para observar a diferença de amplitude no domínio da frequência para o diagnóstico de danos. A forma mais fácil de extrair o sinal pretendido de um sinal ruidoso é através da aplicação de filtros passa-baixo, passa-alto ou passa-banda. Mas se as caraterísticas da informação contida no sinal não forem previsíveis, os filtros acima referidos não podem ser aplicados, porque podem filtrar a informação útil que se pretende obter. Os investigadores têm trabalhado em diferentes métodos de processamento de sinais acústicos e em diferentes aplicações da acústica.

Em 1978, D. M. Himmelblau [1] publicou o seu trabalho sobre a deteção de falhas em equipamentos de fábricas de produtos químicos através da análise do ruído de fluidos. Ele investigou e analisou o ruído gerado por uma coluna de absorção de gás embalada com anéis Raschig. Foram observados diferentes padrões de ruído em condições normais, de carga e de inundação. No entanto, enfrentou o problema da deteção e diagnóstico de falhas utilizando ruído acústico, desenvolvendo uma técnica selectiva para a extração de caraterísticas do ruído observado que estão altamente correlacionadas com as condições internas em estudo.

Di Yan et al. em 1995 [4] investigaram uma estratégia multi-sensor para a deteção de falhas da ferramenta no processo de fresagem. Foram utilizadas forças de corte e sinais de emissão acústica para monitorizar o estado da ferramenta. Foi desenvolvido um algoritmo de extração de caraterísticas com base num modelo auto-regressivo (AR) de primeira ordem para os sinais de força de corte. Este modelo AR foi obtido através dos métodos do período médio do dente e da diferença de revolução. Foram desenvolvidos índices de monitorização da emissão acústica (EA) que foram utilizados para determinar o nível do limiar de regulação em linha. Esta abordagem foi benéfica na minimização de falsos alarmes devido ao esgotamento da ferramenta, transientes de corte e variações das condições de corte. Verificaram experimentalmente o sistema de monitorização proposto através da fresagem de topo do Inconel 718 com ferramentas cerâmicas reforçadas com bigodes a velocidades de fuso até 3000 rpm. Mas, na sua investigação, apenas desenhou um espetro de magnitude e tempo da onda acústica. O que não pode dar muita informação sobre as ondas acústicas.

V. Jagasivamani e A. C. Smith et al. em 1995 [5] avaliaram a integridade das ligações adesivas através da medição das propriedades acústicas sob tensão. Mas neste estudo as ondas acústicas só são úteis no caso de objectos estacionários e esta teoria falha para os objectos em movimento.

J.lee et al. em 1995 [6] apresentam um documento que examina vários métodos de manutenção moderna assistida por computador, incluindo a monitorização de máquinas, a deteção e o diagnóstico de avarias. É apresentada e ilustrada uma perspetiva da manutenção proactiva através da monitorização da degradação do equipamento e dos sistemas de fabrico. Se o comportamento do equipamento e dos sistemas de fabrico puder ser monitorizado e medido de forma adaptativa, pode ser gerado um alerta precoce de possíveis falhas. Deste modo, o pessoal de manutenção pode efetuar diagnósticos precoces e substituir peças durante as horas normais de manutenção. O documento também aborda as necessidades de investigação com base na perspetiva industrial. O autor considera que o desenvolvimento da monitorização em processo da degradação e das falhas da máquina é uma das tarefas de investigação mais importantes para aumentar o tempo de atividade da máquina e melhorar a qualidade da produção. O autor utiliza o método de simulação para o diagnóstico de avarias, que geralmente consome muito tempo.

Miguel A. Rodríguez et al. em 1998 [9] apresentaram um protótipo de uso geral para avaliação não destrutiva de materiais por meio de ultra-sons. O protótipo básico desenvolvido por eles pode ser utilizado em diferentes aplicações, mudando apenas o software de processamento do sinal. Demonstraram duas aplicações diferentes: a deteção de microfissuras em cerâmica húmida (azulejos) e a avaliação da humidade em queijos, juntamente com o necessário processamento do sinal. Sem dúvida que as ondas ultra-sónicas são muito boas para medir as falhas em objectos estacionários, mas se o objeto estiver em movimento, como a engrenagem, será muito difícil detetar a falha.

O sensor de emissão acústica (EA) e o pré-amplificador, incorporado ou ligado ao sensor, são os elementos-chave de qualquer sistema de monitorização do estado das ferramentas (TCM) baseado em EA. Krzysztof Jemielniak em 2001 [14] forneceu uma interpretação de algumas distorções comuns do sinal de EA e possíveis soluções para evitar tais problemas. Mas, nesta investigação, o autor utiliza os dispositivos físicos para processar o sinal, mas atualmente existem muitos softwares para processar o sinal.

Kumar R., Singh S. K., e Shakher C. em 2001 [15] Neste artigo apresentamos um esquema de filtragem utilizando a wavelet Symlet para remover o ruído de speckle das franjas de interferometria digital de padrão de speckle com média temporal. Para demonstrar o potencial da filtragem Symlet wavelet, são realizadas experiências para remover o ruído speckle das franjas registadas na superfície do disco rígido do computador. Os resultados experimentais demonstram que esta filtragem elimina em grande medida o ruído de manchas. Reduziram o ruído speckle mas não conseguem analisar as causas das falhas.

A aplicabilidade da técnica de emissão acústica (EA) para avaliação de danos por fadiga em lajes de betão armado (RC) sob cargas cíclicas, tanto em laboratório como em estruturas em serviço, foi estudada por S. Yuyama et al. em 2001 [17]. O ensaio fundamental realizado em laboratório mostrou que o processo de fendilhação pode ser monitorizado de forma prática através da medição de sinais de EA. A análise da relação entre a fase de carga e a atividade de EA indicou que as fases finais do processo de fratura podem ser avaliadas através da deteção de sinais de EA gerados perto da fase de carga mínima. A comparação entre os resultados da estrutura e os do provete de laboratório demonstrou que a energia AE pode ser um parâmetro eficaz para a avaliação de danos por fadiga em lajes RC em serviço. No entanto, apenas estudou o sinal acústico em termos do número de ciclos. Além disso, o sinal acústico dará melhores resultados se for estudado em termos de frequência e de transformadas wavelet.

No mesmo ano, ou seja, em 2001, um modelo de cálculo para a determinação da emissão acústica (EA) causada pela formação e Olexandr Ye Andreykiv [16] propôs o crescimento subcrítico de uma fenda interna em áreas locais próximas do seu contorno. Utilizando as soluções obtidas, foram estabelecidas as dependências entre as amplitudes do sinal de EA e a área de crescimento subcrítico da fenda. Mas este estudo também é válido apenas para objectos estacionários.

No mesmo ano, ou seja, em 2001, Wenyi Wang [18] utiliza a técnica de desmodulação por ressonância para a deteção precoce de fissuras em dentes de engrenagens, mas utiliza instrumentos de medição de vibrações por contacto.

Prabhakar S., Mohanty A. R., and Sekhar A. S. in 2002 [19] present paper in which bearing race faults have been detected by using discrete wavelet transform (DWT). Foram considerados para análise sinais de vibração de rolamentos de esferas com defeitos pontuais simples e múltiplos na pista interior, na pista exterior e na combinação de defeitos. Os impulsos nos sinais de vibração devidos a defeitos nas chumaceiras são proeminentes nas decomposições wavelet. Verifica-se que os impulsos aparecem periodicamente com um período de tempo correspondente às frequências caraterísticas dos defeitos. Foi demonstrado que a DWT pode ser utilizada como uma ferramenta eficaz para detetar defeitos simples e múltiplos nos rolamentos de esferas. Mas não se consegue extrair muita informação do estudo.

No mesmo ano, N. G. Nikolaou e I. A. Antoniadis [20] utilizam sinais de vibração resultantes de defeitos em chumaceiras de rolamento para apresentar um conteúdo rico em informação física, cuja análise adequada pode levar à identificação clara da natureza da avaria. Este trabalho propõe um método de desmodulação eficaz, baseado na utilização de uma família de wavelets Morlet complexas deslocadas. O método foi concebido de forma a poder explorar plenamente os conceitos físicos subjacentes ao mecanismo de modulação, presentes na resposta vibratória de chumaceiras avariadas, utilizando um método de desmodulação em tempo

Representação do sinal em frequência. Mas ele está a utilizar as técnicas de medição de vibrações, que são do tipo contacto.

No ano de 2003, Rajesh Kumar [21] e colaboradores apresentam uma aplicação da transformada acústica e da transformada wavelet na determinação da frequência de funcionamento de um veio rotativo. Apresentam também o diagnóstico de falhas como desalinhamento e defeitos em rolamentos de componentes rotativos. Diferentes defeitos em componentes rotativos são visualizados simultaneamente. As medições podem ser efectuadas em qualquer escala desejada para obter informações precisas sobre a frequência do defeito. O método proposto por eles é do tipo sem contacto e tem uma vasta gama dinâmica de medição da frequência. Mas a análise foi efectuada apenas com recurso à transformação wavelet.

No mesmo ano, Isa yesilyurt [22] introduz uma distribuição tempo-frequência, designada por distribuição do espetro de potência instantânea suavizada (SIPS), e demonstra a sua utilização na deteção e localização de defeitos locais em dentes de engrenagens. A distribuição SIPS é derivada da definição no domínio da frequência da distribuição do espetro de potência instantâneo (IPS); é utilizado um sinal de vibração de engrenagem simulado para mostrar as capacidades do método proposto em relação à distribuição IPS e ao espetrograma. São analisados sinais de vibração saudáveis e defeituosos monitorizados a partir de um equipamento de teste de engrenagens, cujos resultados mostram que um defeito local no dente da engrenagem pode ser claramente detectado pela distribuição SIPS. Mas ele está a utilizar as técnicas de medição de vibrações, que são do tipo contacto.

Recentemente, em 2004, Isailyurt [23] apresentou as aplicações de quatro parâmetros dependentes do tempo (por exemplo, a energia instantânea, as frequências média e mediana e a largura de banda) com base na utilização do espetrograma e do escalograma, e comparou as suas capacidades na deteção e diagnóstico de falhas localizadas e de desgaste em engrenagens. Verificou-se que os parâmetros baseados no escalograma são superiores aos de um espetrograma na deteção e localização de um defeito local do dente, mesmo quando a carga da engrenagem é pequena, uma vez que resultam em parâmetros igualmente úteis na revelação do desgaste da engrenagem. Mas ele não conseguiu extrair muita informação do seu estudo.

Recentemente, em 2004, Jian-Da Wu et al. [24] aplicaram uma técnica de seguimento de ordens que explora a filtragem adaptativa baseada no algoritmo de filtragem de Kalman recursivo para o seguimento das ordens no diagnóstico de defeitos no conjunto de engrenagens e no diagnóstico de danos nas pás das rodas do turbocompressor do motor. Neste método, o problema do seguimento das ordens foi tratado como uma identificação de parâmetros e calculado com alta resolução. O algoritmo de filtragem de Kalman adaptativo permite ultrapassar os problemas encontrados nos métodos convencionais. Na aplicação deste método, a velocidade do veio, a vibração e o ruído do veio devem estar disponíveis. Além disso, é necessária informação prévia sobre o número de ordem. Tecnicamente, isto pode ser obtido através de uma análise preliminar utilizando métodos convencionais de rastreio de encomendas. Mas o seu trabalho tem a limitação de não poder generalizar o tipo de defeito e também de ter efectuado a análise apenas no domínio do tempo.

No mesmo ano, G. Meltzer, Nguyen Phong Dien [25] tentaram analisar a eficácia da Transformada de Wavelet Contínua no diagnóstico vibro-acústico de caixas de velocidades que operam com velocidade de rotação não estacionária. Para isso, foi desenvolvido e testado um programa simples de software para PC para processamento de sinais e extração de caraterísticas de diagnóstico. O objetivo do teste do programa é a deteção, localização e avaliação de falhas em engrenagens helicoidais. Isto inclui melhorias na estimativa visual dos gráficos WT, especialmente pelo equilíbrio específico da tarefa de resolução de tempo e frequência e pela exibição da amplitude da wavelet versus o ângulo de rotação em coordenadas polares. Os exemplos seguintes demonstram as melhorias na deteção de falhas nas engrenagens.

Neste projeto iremos investigar as aplicações da acústica no diagnóstico da falta de dentes em engrenagens. Será efectuada uma instalação experimental para adquirir o sinal acústico e o sinal será processado utilizando técnicas de processamento digital de sinais. Dependendo das caraterísticas do sinal acústico bruto obtido na experiência, são aplicados filtros convencionais baseados na transformada de Fourier e na transformada de Wavelet recentemente desenvolvida. A transformada de Fourier expande a função original (sinal) em termos de uma função de base orto-normal de ondas sinusoidais e cossenoidais de duração infinita; no entanto, a transformada de wavelet também o pode fazer para uma duração finita. Uma das grandes vantagens da filtragem de wavelets é que a informação temporal não se perde. O problema abordado tem importância prática na operação, inspeção em linha, previsão de avarias e manutenção de componentes rotativos.

Capítulo 3

TRABALHO ACTUAL

O estado dos dentes das engrenagens tem um grande impacto na transmissão de potência. Os defeitos nos dentes podem levar a uma diminuição da eficiência da transmissão, a solavancos e a ruído. Implementámos um método baseado na acústica para identificar dentes em falta num conjunto de engrenagens. Neste capítulo, é apresentada a metodologia de deteção do defeito, o procedimento experimental e os resultados obtidos.

3.1 Metodologia:

Para identificar defeitos nas engrenagens, como a falta de dentes, adoptámos a seguinte metodologia

1. Conceber o sistema de aquisição do sinal acústico.

Tem de ser desenvolvido um sistema para registar o sinal áudio na gama de frequências de 20 Hz a 20 KHz. O Mike actuará como sensor e será ligado ao computador. O sinal acústico será registado e armazenado no computador para as diferentes condições.

2. Processamento do sinal acústico adquirido

O sinal acústico será processado no ambiente MATLAB de modo a melhorar a relação sinal-ruído. A informação sobre a avaria nas engrenagens, ou seja, a falta de dentes, será extraída do sinal. Para o efeito, são utilizados filtros passa-baixo (até 500 Hz), espetro FFT e escalograma CWT.

3. Análise do sinal processado

O sinal processado será analisado para a deteção de defeitos em engrenagens por falta de dentes. O resultado é uma correlação de defeitos em termos de frequência de funcionamento do veio.

3.2 Experimentação:

O diagnóstico de avarias em engrenagens de malha com falta de dentes é testado com um par de engrenagens de dentes rectos em condições de velocidade variável no banco de ensaio de engrenagens back-to-back. As engrenagens utilizadas são feitas de EN32 080M15 (aço com 0,15% C e 0,8% Mn), com um ângulo de pressão de 20° e têm 14 e 21 dentes, respetivamente. A engrenagem com 14 dentes é fixada ao eixo do motor e outra engrenagem de 21 dentes é fixada aos quadros e, com a ajuda de um rolamento, é engrenada com a engrenagem com 14 dentes.

Um motor de 80 watts (velocidade máxima de 1440 rpm) acciona o dispositivo de engrenagem. A velocidade do motor pode ser ajustada por um regulador. É utilizado um microfone (marca Logitec) para registar o sinal acústico gerado pelo conjunto de engrenagens. O microfone foi colaborado com a ajuda de um gerador de funções HP 33120A e de um altifalante. Foi produzido um sinal conhecido de 1 KHz. A frequência do sinal no ecrã do computador (utilizando a FFT), tal como registada pelo microfone, também mostra o valor de 1 KHz. A configuração experimental completa para a deteção de falhas é mostrada na figura 3.1. Num conjunto de leituras, a engrenagem motriz tem dentes completos. No outro conjunto de leituras, falta um dente na engrenagem, como mostra a figura 3.2.

Figura 3.1 Instalação experimental de engrenagens de malha.

Figura 3.2 Dente em falta nas engrenagens.

Durante as experiências, a engrenagem do condutor foi ajustada para funcionar a 285 RPM e 390 RPM, dando uma frequência fundamental de engrenamento dos dentes de aproximadamente 66,5 e 91Hz, respetivamente. O sinal acústico gerado pelas engrenagens de teste é registado durante 1 segundo, colocando o microfone perto da área de engrenamento da engrenagem. Após o registo do sinal no computador, é aplicado um filtro FIR passa-baixo equiripple até à frequência de 500Hz. Os resultados das experiências foram os seguintes.

O espetro simples de amplitude versus tempo é mostrado na figura 3.3 abaixo para 285 RPM e com um dente completo.

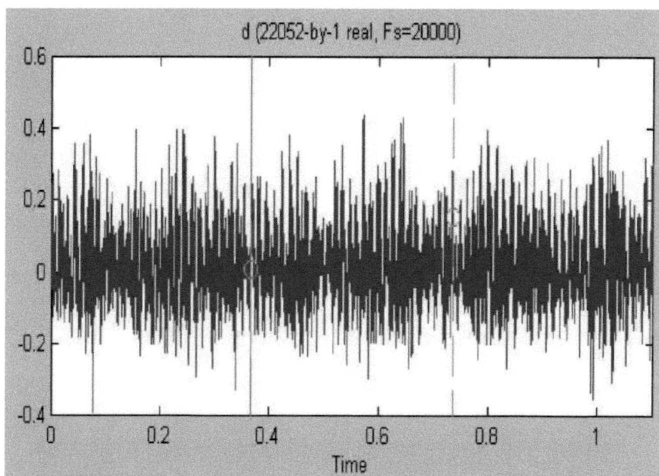

Figura 3.3 Tempo vs amplitude a 285 RPM com um dente completo

A Transformada Rápida de Fourier (FFT) para (285 RPM com um dente completo) é mostrada na figura 3.4 abaixo. Neste caso, a energia significa o número de vezes que a frequência específica está representada no sinal.

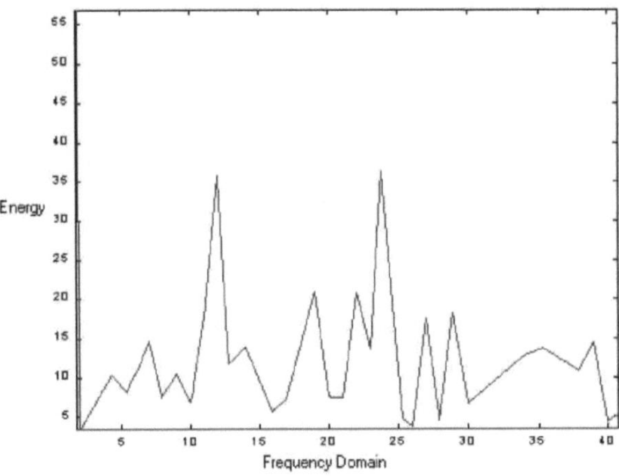

Figura 3.4 Espectro FFT a 285 RPM com um dente completo

O escalograma para (285 RPM com um dente completo) é mostrado na figura 3.5. Tomámos 22052 pontos de dados de amostragem para um segundo no caso do nosso escalograma utilizando a wavelet db4. O intervalo de escala foi de 1-1024 no modo passo a passo com cada passo de escala igual a 2.

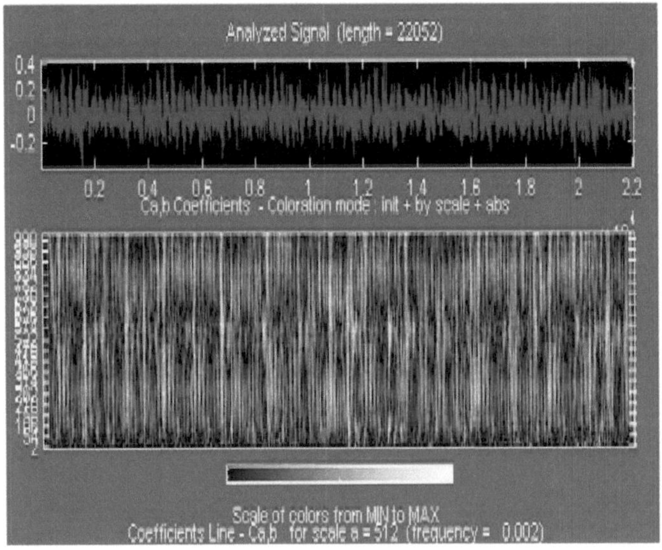

Figura 3.5 Escalograma utilizando a wavelet db4 a 285 RPM com um dente completo

O espetro simples de amplitude versus tempo é mostrado na figura 3.6 abaixo para 285 RPM e com um dente em falta.

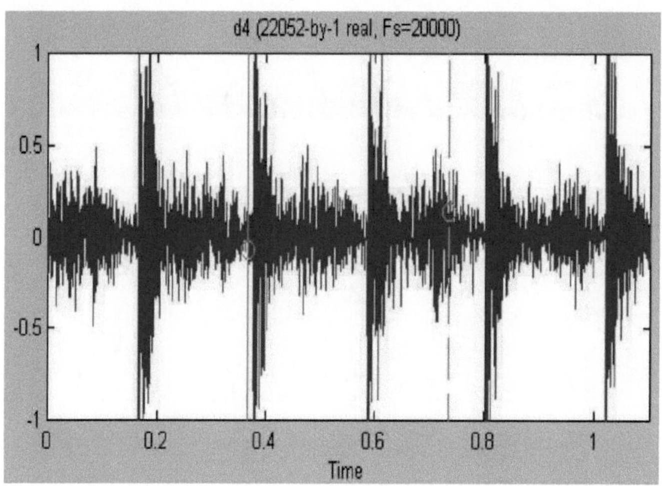

Figura 3.6 Tempo vs amplitude a 285 RPM com um dente em falta

A Transformada Rápida de Fourier (FFT) para (285 RPM com um dente em falta) é mostrada na figura 3.7 abaixo. Neste caso, a energia significa quantas vezes a frequência específica está representada no sinal.

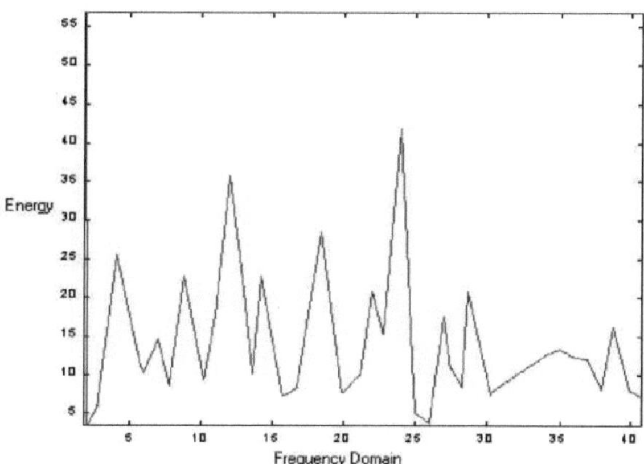

Figura 3.7 Espectro FFT a 285 RPM com um dente em falta

O escalograma para (285 RPM com um dente em falta) é mostrado na figura 3.8. Tomámos 22052 pontos de dados de amostragem para um segundo no caso do nosso escalograma utilizando a wavelet db4. O intervalo de escala foi de 1-1024 no modo passo a passo, sendo cada passo de escala igual a 2.

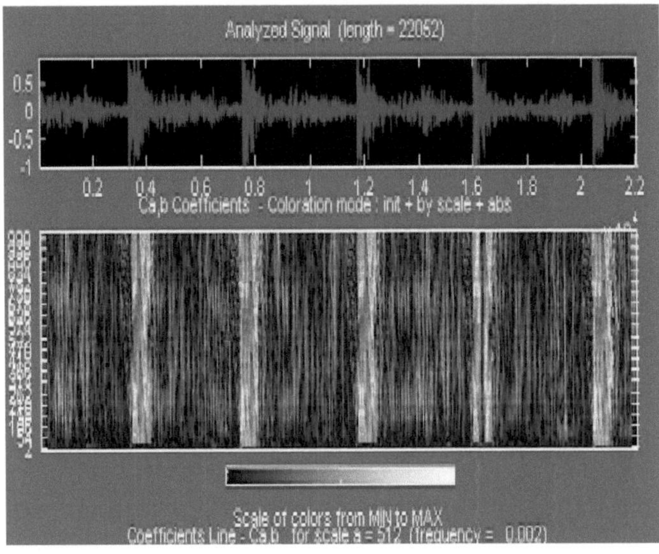

Figura 3.8 Escalograma utilizando a wavelet db4 a 285 RPM com um dente em falta

O espetro simples de amplitude versus tempo é mostrado na figura 3.9 abaixo para 390 RPM e com um dente completo.

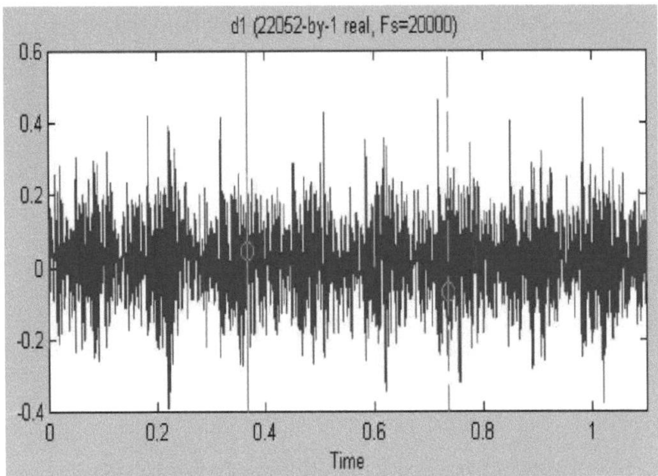

Figura 3.9 Tempo vs amplitude a 390 RPM com um dente completo

A Transformada Rápida de Fourier (FFT) para (390 RPM com um dente completo) é mostrada na figura 3.10. No espetro FFT é desenhada a energia versus o domínio da frequência. Neste caso, a energia significa quantas vezes a frequência específica está representada no sinal.

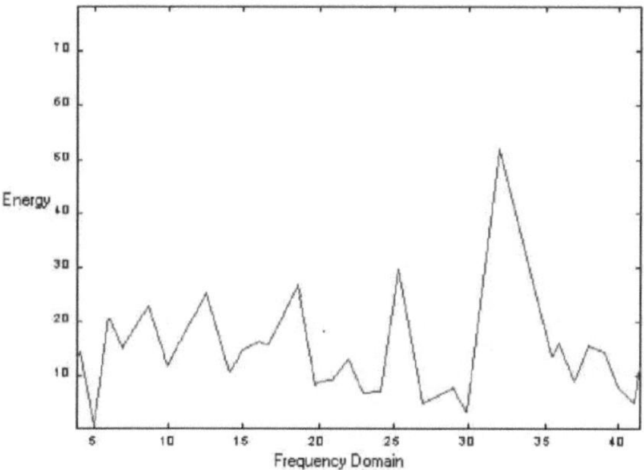

Figura 3.10 Espectro FFT a 390 RPM com um dente completo

O escalograma para (390 RPM com um dente completo) é mostrado na figura 3.11. Tomámos 22052 pontos de dados de amostragem para um segundo no caso do nosso escalograma utilizando a wavelet db4. O intervalo de escala foi de 1-1024 no modo passo a passo com cada passo de escala igual a 2.

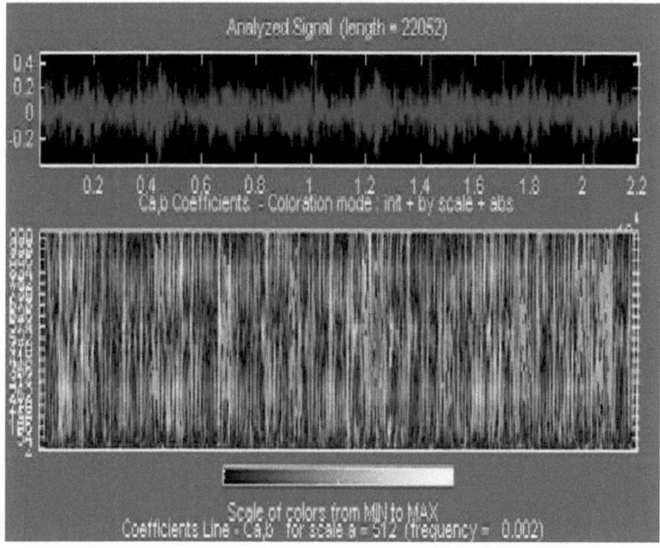

Figura 3.11 Escalograma utilizando a wavelet db4 a 390 RPM com um dente completo

O espetro simples de amplitude versus tempo é mostrado na figura 3.12 abaixo para 390 RPM e com um dente em falta.

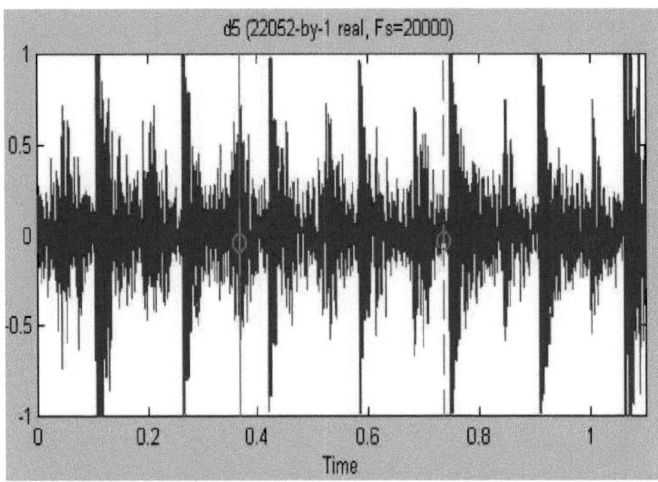

Figura 3.12 Tempo vs amplitude a 390 RPM com um dente em falta

A Transformada Rápida de Fourier (FFT) para (390 RPM com um dente em falta) é mostrada na figura 3.13. No espetro FFT é desenhada a energia versus o domínio da frequência. Neste caso, a energia significa quantas vezes a frequência específica está representada no sinal.

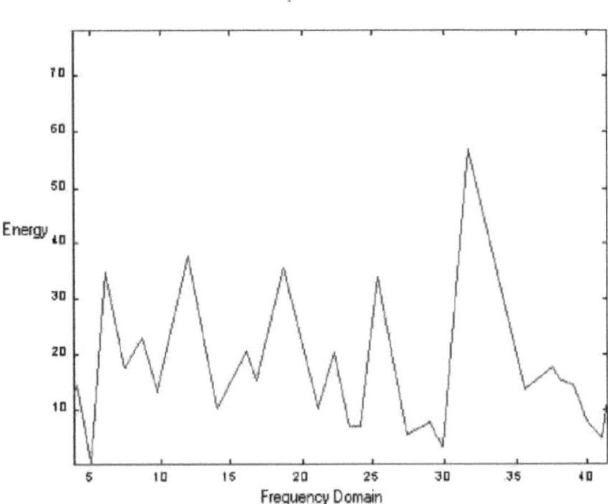

Figura 3.13 Espectro FFT a 390 RPM com um dente em falta

O escalograma para (390 RPM com um dente em falta) é mostrado na figura 3.14. Tomámos 22052 pontos de dados de amostragem para um segundo no caso do nosso escalograma utilizando a wavelet db4. O intervalo de escala foi de 1-1024 no modo passo a passo, sendo cada passo de escala igual a 2.

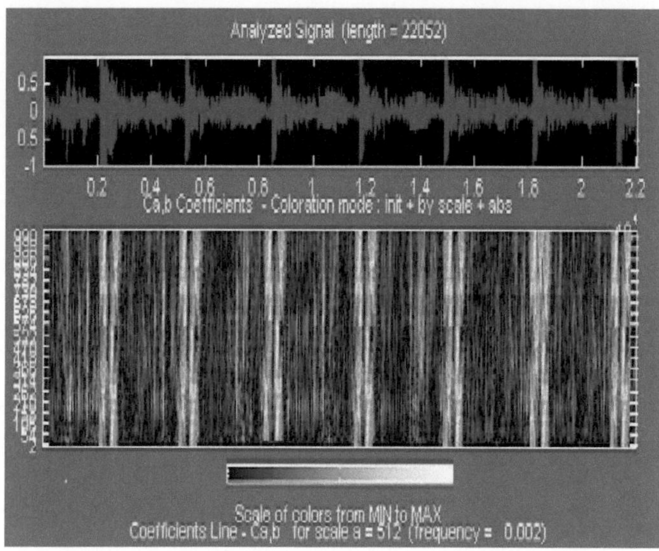

Figura 3.14 Escalograma utilizando a wavelet db4 a 390 RPM com um dente em falta

Capítulo 4

RESULTADOS E DEBATES

O sinal acústico em bruto e o sinal processado são apresentados nas figuras 3.3 a 3.14. Após a análise do sinal, obtivemos os seguintes resultados.

1. A partir da figura 3.3 e da figura 3.6, observa-se que, devido à falta de um dente, há um solavanco que provoca a produção de ruído excessivo durante o período. Durante a interface do dente em falta, a amplitude do ruído acústico é elevada. A mesma tendência é observada para 390 RPM, o que é evidente na figura 3.9 e na figura 3.12.

2. A figura 3.4 e a figura 3.7, que são o espetro de Fourier da engrenagem com dente completo e com um dente em falta, são sobrepostas e apresentadas na figura 4.1. A figura 4.1 mostra claramente que a amplitude dos harmónicos no espetro de Fourier para o dente em falta aumentou substancialmente. A partir daqui, também se pode calcular a frequência de ocorrência do ruído acústico devido ao dente em falta, que é de 4,75, que é a frequência fundamental do dente em falta. Aqui, a linha azul mostra o espetro de Fourier a 285 RPM e com o dente completo, e a amarela mostra o espetro de Fourier a 285 RPM e com o dente em falta.

Se virmos a comparação na figura 4.1, podemos visualizar que a amplitude aumenta com a frequência múltipla de 4,75. Os valores das amplitudes (energia) foram anotados para a frequência de múltiplo de 4,75, que são 18, 21, 21,5, 25 e 40 para a FFT com dente completo (linha azul). E para a FFT com o dente em falta (linha amarela), o resultado é 28, 30, 28, 27 e 42. E se calcularmos a diferença entre eles, então está a sair 10, 9, 6.5, 2 e 2. Os restos das amplitudes são iguais.

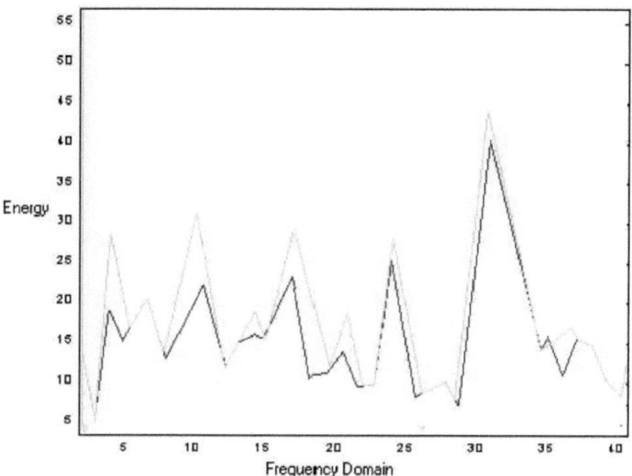

Figura 4.1 Espectros FFT a 285 RPM. (a) linha azul com dente completo (b) linha amarela com dente em falta

A mesma tendência é observada para 390 RPM, o que é evidente na figura 4.2. Se compararmos a figura 4.2, podemos ver que a amplitude aumenta com a frequência múltipla de 6,5. Os valores das amplitudes (energia) foram anotados para cada múltiplo de 6,5, sendo 10, 10, 15, 25, 48 e 22 para a FFT com dente completo (linha azul). E para a FFT com o dente em falta (linha amarela), o resultado é 32, 28, 30, 37, 56 e 25. Por isso, se calcularmos a diferença entre elas, então esta será 22, 18, 15, 12, 12 e 3. As restantes amplitudes são praticamente as mesmas para este caso.

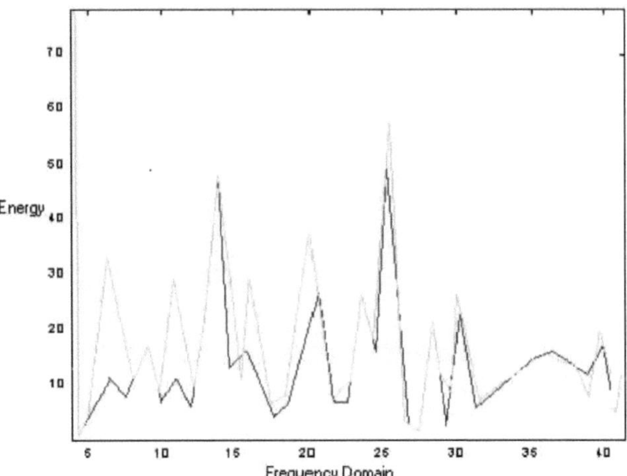

Figura 4.2 Espectros FFT a 390 RPM. (a) linha azul com dente completo (b) linha amarela com dente em falta

Esta diferença surge devido à falta de um dente. As outras frequências aparecem devido a várias fontes de sinal acústico, como o ruído de acoplamento, o ruído do motor e outros ruídos de fundo.

3. Nas figuras 3.3 e 3.6, o rácio sinal/ruído (SNR) é fraco. O filtro wavelet elimina eficazmente o ruído do sinal. Isto pode ser observado comparando a figura 3.5 e a figura 3.8. A frequência de ocorrência do ruído devido à falta de um dente pode ser calculada com precisão a partir do escalograma. A partir do escalograma da figura 3.8 da engrenagem do condutor com dente em falta, o total de pontos de dados entre dois picos sucessivos é de 4460. O que significa que a duração do tempo entre dois picos sucessivos é de aproximadamente 0,2113 s. Como só falta um dente na engrenagem do condutor, calculámos as RPM do veio do condutor a partir destes dados, que são 283,95 RPM. Calculámos as RPM do veio do condutor utilizando um tacómetro (marca: Teclock Corporation, modelo: H, gama: 0 - 10.000 rpm, precisão: ± 0,5%). A leitura do tacómetro é de 285 RPM . O erro de medição é de 0,368 %.

Da mesma forma, a partir do escalograma da figura 3.14 da engrenagem do condutor com dente em falta, o ponto de dados total entre dois picos sucessivos é 3401. O que significa que a duração do tempo entre dois picos sucessivos é de aproximadamente 0,1542 segundos. Como só falta um dente na engrenagem do condutor, calculámos as RPM do veio do condutor a partir destes dados, que são 389,1 RPM. Calculámos as RPM do veio do condutor utilizando um tacómetro (marca: Teclock Corporation, modelo: H, gama: 0 - 10.000 rpm, precisão: ± 0,5%). A leitura do tacómetro é de 390 RPM . O erro de medição é de 0,23 %.

Os erros podem ser devidos ao erro de medição do tacómetro ou ao eco do som produzido pelo equipamento de ensaio.

4. Se compararmos os sinais brutos da engrenagem com o dente em falta a diferentes RPM, por exemplo, na figura 3.6 (285 RPM) e na figura 3.12 (390 RPM), observamos que a amplitude do sinal entre os dois picos máximos é baixa nas RPM mais baixas (285 RPM). Com o aumento das RPM da engrenagem do condutor com dente em falta, a amplitude do sinal entre os dois picos máximos aumenta. Este facto limita a gama de medição do sistema. O sistema funciona satisfatoriamente no intervalo de RPM do veio do condutor 0-500. Acima de 500 RPM, a ambiguidade na medição é maior. O erro é devido à reflexão acústica e aos harmónicos da onda.

Capítulo 5

CONCLUSÃO E ÂMBITO FUTURO

Neste trabalho de tese, analisámos o efeito da falta de dentes no sistema de engrenagens no espetro do sinal acústico e desenvolvemos um método para identificar esses defeitos. Para o efeito, utilizámos o espetro FFT e a transformada wavelet.

As experiências permitiram tirar as seguintes conclusões.

I. É demonstrado que, embora o ambiente influencie o sinal acústico para a monitorização do estado, não reduz significativamente a extração de informações de diagnóstico úteis. Foi demonstrado que a monitorização do estado acústico pode ser utilizada eficazmente para a deteção de falhas no funcionamento da caixa de velocidades.

II. Quando a caixa de velocidades funciona sem falta de dentes, o som que dela emana mantém-se persistente na banda de frequência de engrenamento. As flutuações da amplitude desta frequência ao longo do tempo (ou da rotação) estão intimamente ligadas ao ruído gerado pelas engrenagens. Quando um dente em falta perturba as caraterísticas do engrenamento, o conteúdo sonoro do sinal acústico é alterado em relação ao som de um funcionamento saudável. Nestes casos, a quebra do dente cria componentes de baixa frequência no gráfico wavelet. Estas actividades de baixa frequência em torno da frequência fundamental de rotação estão relacionadas com o ruído criado pelo dente em falta durante o processo de engrenamento.

III. Durante as medições acústicas, algumas das máquinas foram acionadas aleatoriamente nas proximidades do equipamento de ensaio de engrenagens. Além disso, os componentes rotativos do equipamento de ensaio de engrenagens, como o motor e o acoplamento, foram as outras fontes de som do conjunto de ensaio de engrenagens. Os ruídos acústicos ambientais adversos e os ruídos de fundo intrusivos estavam presentes, o sinal acústico com condições de dente completo e dente em falta do sistema de engrenagens também foi influenciado por estes ruídos.

IV. É evidente que a representação wavelet dos sinais acústicos revela com maior exatidão a quebra de dentes nas engrenagens.

V. Na monitorização de vibrações, a utilização de sinais acústicos tem algumas vantagens sobre as técnicas convencionais de medição de vibrações. Em primeiro lugar, estes sensores não alteram o comportamento da máquina devido à sua natureza sem contacto. E a informação baseada no tempo não se perde no método baseado em wavelets.

VI. O método baseado na acústica permite uma liberdade considerável no posicionamento do microfone. Por exemplo, nesta aplicação, pequenas variações na distância e no plano do microfone em relação à caixa de velocidades tiveram pouca influência na deteção das principais caraterísticas da acústica da engrenagem. Por outro lado, uma pequena alteração na localização do método baseado em acelerómetros teve um impacto maior na deteção das principais caraterísticas da vibração da engrenagem.

VII. O método desenvolvido no projeto pode ser utilizado para a monitorização do estado e para a manutenção preditiva das engrenagens.

VIII. O método desenvolvido funciona satisfatoriamente no intervalo de rpm 0 - 500 rpm.

A deteção de defeitos em linha é muito útil para as indústrias. O método desenvolvido por nós pode ser utilizado eficazmente para detetar defeitos como o desgaste dos dentes, defeitos nas chumaceiras, desalinhamento e outras falhas de rotação.

REFERÊNCIAS:

1. Himmelblau D.M., "Fault detection in chemical plant equipment via fluid noise analysis," Computers & Chemical Engineering 3, 507-510 (1979).

2. Daubechies I., "Ten lectures on wavelets", Society for Industrial and Applied Mathematics, Filadélfia (1992).

3. Meyer Y., "Wavelets: Algorithms and applications", Society for Industrial and Applied Mathematics, Philadelphia (1993).

4. Yan Di., El-Wardany T. I., e Elbestawi M. A., "A multi-sensor strategy for tool failure detection in milling", International Journal of Machine Tools and Manufacture 35, 383-398 (1995).

5. Jagasivamani V., e Smith A. C., "Evaluating the integrity of adhesive bonds by the measurement of acoustic properties under stresses", NDT & E International 28, 113-113 (1995).

6. Jay Lee, "Modern computer-aided maintenance of manufacturing equipment and system: Review and perspective", Computer and Industrial Engineering 28,793-811 (1995).

7. Reinhol L., "The finite element modeling of ultrasonic NDT phenomena", NDT & E International *29,* 256 (1996).

8. Antoniou A, "Digital filters analysis and design", Inc(1997).

9. Miguel A. Rodriguez, Raman Miralles e Luis Vergara, "Signal processing for ultrasonic non destructive evaluation: Two applications", NDT &E International 31, 93-97 (1998).

10. Jain R.K., "Mechanical and Industrial Measurement", Inc(1998).

11. Rabiner R.L e Gold B., "Theory and application of digital signal processing", Inc(1998).

12. MATLAB User Guide, The Math Works, Inc. (1999).

13. Beckwith T.G., Marangoni R.D e Lienhard J.H., "Mechanical Measurement", Inc(1999).

14. Krzysztof Jemielniak, "Some aspects of acoustic emission signal pre-processing", Journal of materials processing technology 109, 242-247 (2001).

15. Kumar R., Singh S. K., e Shakher C., "Wavelet filtering applied to time-average digital speckle pattern interferometry fringes", Optics and Laser Technology 33, 567-571 (2001).

16. Oxexandr Ye., Andrey kiv., Mykola V. Lysak , Oleh M. Serhiyenko, e Valentyn R. Skalsky, "Analysis of acoustic emission caused by internal cracks", Engineering fracture Mechanics 68, 1317-1333 (2001).

17. Yuyama S., Li Z-W., Yoshizawa M., Tomokiyo T., e Uomoto T., "Evaluation of fatigue damage in reinforced concrete slab by acoustic emission", NDT & E International 34, 381-387 (2001).

18. Wenyi Wang, "Early detection of gear tooth cracking using the resonance demodulation technique", Mechanical Systems and Signal Processing (2001) 15(5), 887-903

19. Prabhakar S., Mohanty A. R., e Sekhar A. S., "Application of discrete wavelet transform for detection of ball bearing race faults", Tribology International 35, 793-800 (2002).

20. Nikolaou N. G., e Anthoniadis I. A., "Demodulation of vibration signals generated by defects in rolling element bearing using complex shifted morlet wavelets", Mechanical systems and signal processing 16, 677-694 (2002).

21. Jena D. P., Kumar Navneet e Kumar Rajesh, "Defect detection in bearing using wavelet transform", NCMC-2003, Patiala (Índia) 31 de outubro a 1 de novembro de 2003.

22. Isa Yesilyurt , "Fault detection and location in gears by the smoothed instantaneous power spectrum distribution", NDT&E International 36 (2003) 535-542.

23. Isa Yesilyurt , "The application of the conditional moments analysis to gearbox fault detection-a comparative study using the spectrogram and scalogram", NDT&E International (a aparecer em 2004).

24. Wu Jian-Da, Huang Chin-Wei, e Huang Rongwen, "An application of a recursive Kalman filtering algorithm in rotating machinery fault diagnosis", NDT&E International, (a aparecer em 2004).

25. G. Meltzer e Nguyen Phong Dien "Fault diagnosis in gears operating under non- stationary rottional speed using polar wavelet amplitude maps", Mechanical Systems and Signal Processing ,(a aparecer em 2004).

Printed by Books on Demand GmbH, Norderstedt / Germany